气体检测报警器现场检定/校准系列口袋书

可燃气体检测报警器现场检定

中国石油化工股份有限公司天津分公司
中国石化青岛安全工程研究院 组织编写

中国石化出版社
HTTP://WWW.SINOPEC-PRESS.COM

内 容 提 要

本书是《气体检测报警器现场检定/校准系列口袋书》分册之一，涵盖可燃气体检测报警器现场检定以下内容：检定前准备；检定项目及计量性能要求；检定过程；检定原始记录；数据处理样例；检定结果及检定周期以及常见故障案例分析等。

本书采用口袋书的形式，图文并茂，可读性强。可用作可燃气体检测报警器现场检定人员的培训教材，也可供可燃气体检测报警器使用维护人员及相关安全技术人员参考。

图书在版编目（CIP）数据

可燃气体检测报警器现场检定/中国石油化工股份有限公司天津分公司，中国石化青岛安全工程研究院组织编写. —北京：中国石化出版社，2019.8（2024.8重印）

气体检测报警器现场检定/校准系列口袋书

ISBN 978-7-5114-5427-0

Ⅰ.①可… Ⅱ.①中… ②中… Ⅲ.①石油化工－可燃气体－油气浓度报警器－检定－基本知识 Ⅳ.①TH89

中国版本图书馆CIP数据核字(2019)第135905号

中国石化出版社出版发行

地址：北京市东城区安定门外大街58号

邮编：100011　电话：(010) 57512500

发行部电话：(010) 57512575

http://www.sinopec-press.com

E-mail:press@sinopec.com

北京富泰印刷有限责任公司印刷

全国各地新华书店经销

*

787×1092毫米32开本1.75印张22千字

2019年8月第1版　2024年8月第4次印刷

定价：20.00元

编委会

前　言 PREFACE

可燃和有毒气体泄漏的安全危害极大，一旦发生就可能引发火灾、爆炸和中毒等事故，给企业造成巨大的经济损失，并产生恶劣的社会影响。气体检测报警器作为探测环境中某种气体含量的计量仪器，要保证其检测结果的准确可靠，以便能够及时发现可燃或有毒气体发生泄漏，有效预防人身伤害以及火灾、爆炸事故的发生，依法合规地开展气体检测报警器的检定/校准和正确地使用维护非常重要。为了便于检定/校准相关人员理解现场操作流程，规范现场操作且便于携带，编者依据JJG 693—2011《可燃气体检测报警器》编写了《可燃气体检测报警器现场检定》一书，书中内容丰富，贴近现场，语言简洁，图文并茂，形式活泼。

本书是系列口袋书的分册之一，主要包含以下内容：

- 检定前准备
- 检定项目及计量性能要求

- 检定过程
- 检定原始记录
- 数据处理
- 检定结果及检定周期
- 常见故障案例分析

通过本书的学习，读者可以更好地掌握可燃气体检测报警器的现场检定／校准工作，熟悉现场检定／校准工作流程，并对检定／校准过程中常见的问题进行处理。书中的部分内容具有一定的通用性，在实际开展现场检定／校准工作中，应严格遵守计量检定规程的相关要求和企业在安全方面的管理规定。

本书由中国石油化工股份有限公司天津分公司、中国石化青岛安全工程研究院共同组织编写。中国石油化工股份有限公司科技部和油田勘探开发事业部、炼油事业部、化工事业部、油品销售事业部及其所属多家企业有关领导和专家对该口袋书的编写也给予了大力支持和帮助，在此一并感谢。

由于编写水平和时间有限，书中内容尚存不足之处，敬请各位专家和广大读者批评指正并提出宝贵意见。

目　录 CONTENTS

1 检定前准备

1.1 检定用设备

可燃气体检测报警器检定所用标准器具及配套设备主要包括气体标准物质、流量控制器、零点气体、秒表、标定罩、减压阀和气路等。

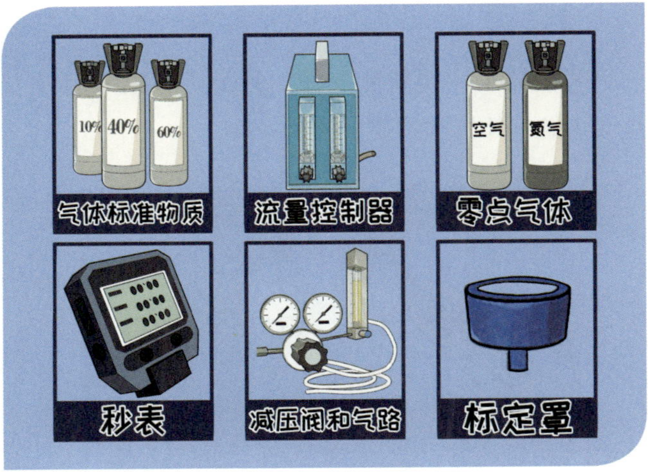

（1）气体标准物质

采用与仪器所测气体种类相同的气体标准物质，如氢、乙炔、甲烷、异丁烷或丙烷等。

若仪器未注明所测气体的种类，可以采用异丁烷或丙烷气体标准物质。

计量检定应采用具有相应标准物质证书的气体标准物质，气体标准物质一般分为一级和二级，分别以 GBW 和 GBW（E）表示。通常采用二级气体标准物质进行检定。

标准气体浓度约为满量程的 10%、40%、60% 及大于报警设定点浓度的气体标准物质，气体标准物质的扩展不确定度不大于 2%（k=2）。

平衡气的选择：检定催化燃烧式传感器的气体标准物质应使用空气作为平衡气，检定红外式传感器使用空气或氮气作为平衡气均可。

也可采用标准气体稀释装置稀释高浓度的气体标准物质，稀释装置的流量示值误差应不大于±1%，重复性应不大于0.5%。

气体标准物质的浓度单位在使用时应换算成与被检仪器的表示单位一致。

【例】有一瓶空气中异丁烷气体标准物质，摩尔比浓度为 1.10%，请计算相当于多少的爆炸下限浓度？异丁烷摩尔体积（0℃，101.325kPa）和在空气中爆炸下限见下表。

常见可燃气体的摩尔体积（0℃，101.325kPa）及在空气中爆炸下限

气体名称	摩尔体积 /（L/mol）	爆炸下限 /%（体积）
甲烷	22.36	5.0
异丁烷	21.78	1.8
丙烷	22.00	2.2
氢气	22.40	4.0

解：①先将摩尔比浓度转化为体积比浓度。

$$\frac{1.10\times10^{-2}\times21.78}{(100-1.10)\times10^{-2}\times22.40+1.10\times10^{-2}\times21.78}\times100\%=1.06\%$$

②体积比浓度转化为爆炸下限浓度，用体积比除以该气体在空气中的爆炸下限。

$$\frac{1.06}{1.8}\times100\%=58.9\%\text{LEL}$$

（2）流量控制器

流量控制器由检定用流量计和旁通流量计组成，流量范围应不小于500mL/min，流量计的准确度级别应不低于4级。

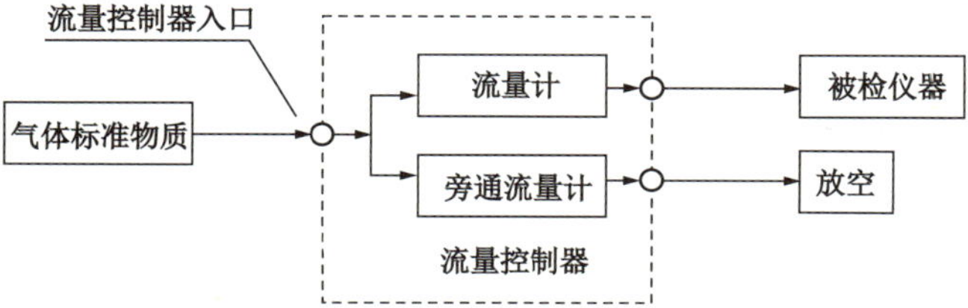

检定吸入式仪器时，须保证流量控制器的旁通流量计有气体放空，使气体标准物质的进气流量大于仪器自身的吸气流量，以防止在吸入零点气体或气体标准物质的同时也吸入了周围的空气或干扰气体，导致检定结果产生偏差。

通气流量应控制在说明书建议的范围内。如无明确要求，流量一般控制在（200~500）mL/min 范围内。

（3）零点气体

清洁空气或氮气（氮气纯度 99.99%）。

零点气体最好选择清洁的空气。如果选择氮气作零点气体，计量性能检定前需要通入气体标准物质将传感器表面氮气置换干净。

（4）秒表

分度值不大于 0.1s。

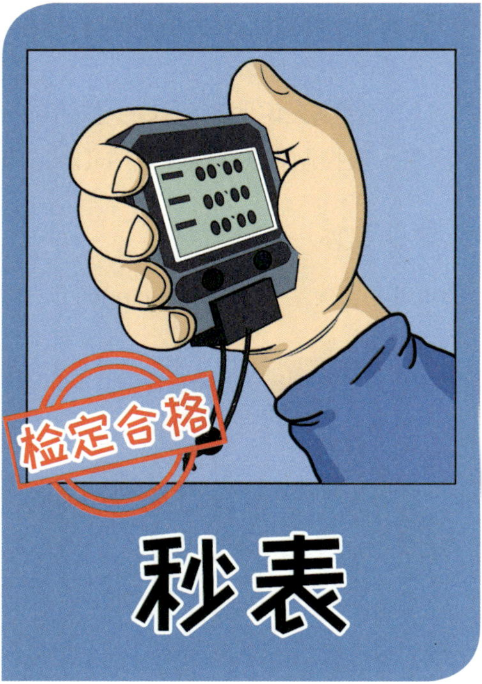

流量计、秒表等配套设备应有检定或校准证书，且在有效期内。

（5）减压阀和气路

使用与气体标准物质钢瓶配套的减压阀和不影响气体浓度的管路材料，例如聚四氟乙烯等。

（6）标定罩

扩散式仪器应有专用标定罩，标定罩不匹配对检定结果将产生一定影响。

检定扩散式仪器，标定罩一般侧面会有开口，开口的作用一是排掉传感器表面空气，二是避免压力增大影响仪器准确度。

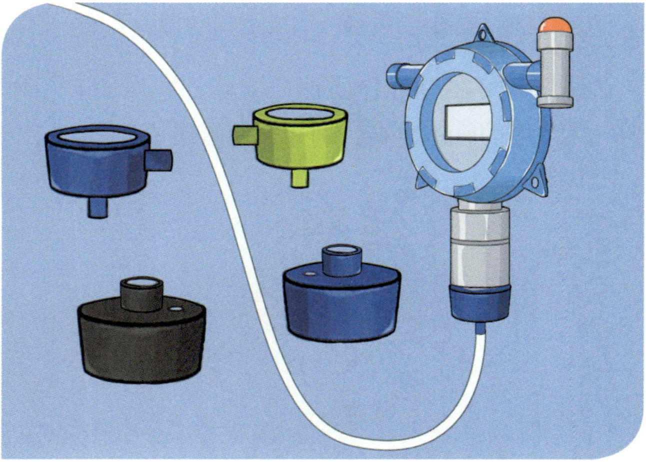

1.2 个体防护

在进入作业区域时，应按照企业的管理规定佩戴必要的防护用品，如安全帽、护目镜、耳塞、防护服、防护鞋、防毒面具、正压式空气呼吸器和便携式气体检测仪（根据工作场所确定类型）等。

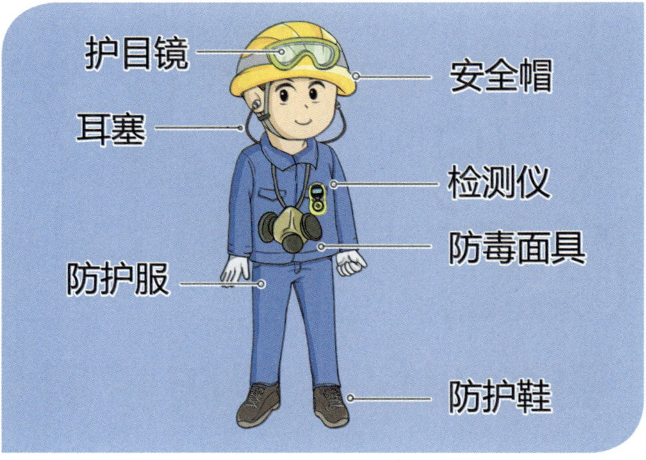
护目镜
安全帽
耳塞
检测仪
防毒面具
防护服
防护鞋

戴安全帽

戴护目镜

戴检测仪

穿防护鞋

1.3 作业许可证办理及作业流程

在进入作业区域前，应按照企业的管理规定办理作业许可证等相关手续，使车间管理人员和当班操作人员了解作业人员的工作计划，包括进入现场时间、人员名单、作业时间、作业内容等，检定及维护结束后应及时通知车间。作业人员应预先了解并熟悉各作业区域在事故突发时的应急撤离路线和报告程序。

在进入作业区域时，不得随意触动现场的其他测控仪表、阀门等与检定作业无关的设备设施。当作业区域有交叉作业时，原则上应停止作业，必须作业时应识别和注意交叉作业可能带来的高空坠物、放空或排凝管线瞬间大量泄放等风险。

检定作业时，注意观察周围设备、阀门、管线和仪表有无异常情况。如发现异常，应及时通知车间相关人员，同时立即撤离。

作业许可证办理及作业流程

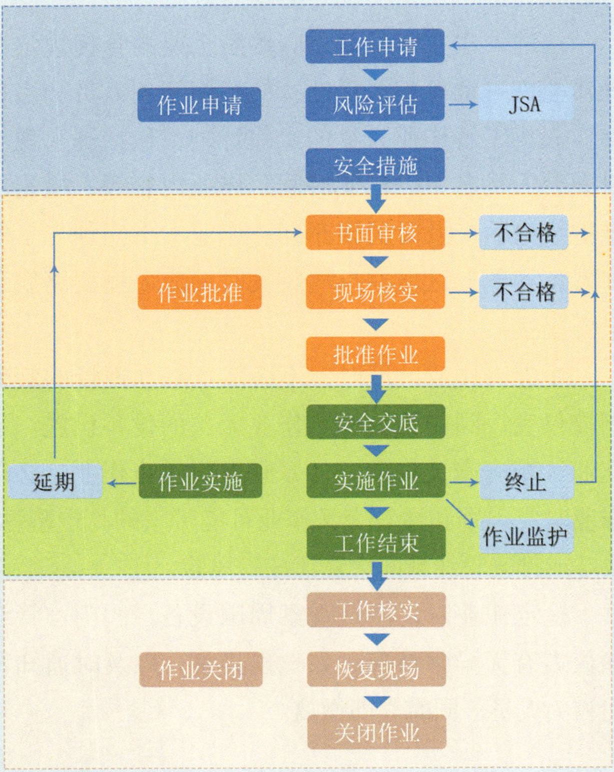

三级教育
A厂
一车间
二车间
三车间
A班组
B班组
C班组

许可证

1.4　检定环境条件

环境温度：0~40℃；

相对湿度：＜ 85%；

通风良好，无干扰被测气体。

检定应严格执行规程要求的环境条件。现场检定环境要注意温度低于 0℃或温度高于 40℃的情况下不适合检定。

2 检定项目及计量性能要求

2.1 检定项目

检定项目	首次检定	后续检定	使用中检查
外观及结构	+	+	+
标志和标识	+	+	+
通电检查	+	+	+
报警功能及报警动作值	+	+	+
绝缘电阻	+	–	–
示值误差	+	+	+
响应时间	+	+	+
重复性	+	+	–
漂移	+	–	–

注：1. “+”为需要检定项目；“–”为不需要检定项目。

2. 经安装及维修后对仪器计量性能有较大影响的，其后续检定按首次检定要求进行。

2.2 计量性能要求

项目	要 求	
示值误差	±5%FS	
重复性	≤2%	
响应时间	扩散式	≤60s
	吸入式	≤30s
漂移	零点漂移	±2%FS
	量程漂移	±3%FS
注："FS"表示仪器的满量程，下同。		

3 检定过程

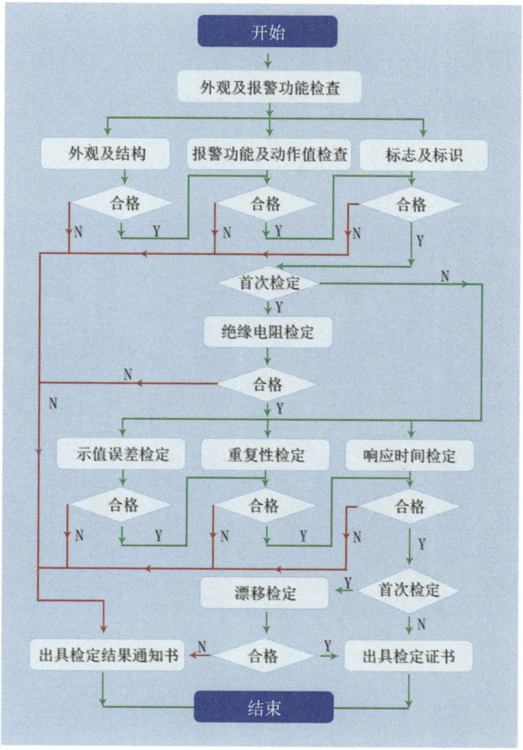

开始
外观及报警功能检查
外观及结构
报警功能及动作值检查
标志及标识
合格
N
Y
首次检定
绝缘电阻检定
示值误差检定
重复性检定
响应时间检定
漂移检定
出具检定结果通知书
出具检定证书
结束

3.1 外观及结构的检定

（1）外观及结构

仪器不应有影响其正常工作的外观损伤。新制造的仪器的表面应光洁平整，漆色镀层均匀，无剥落锈蚀现象。

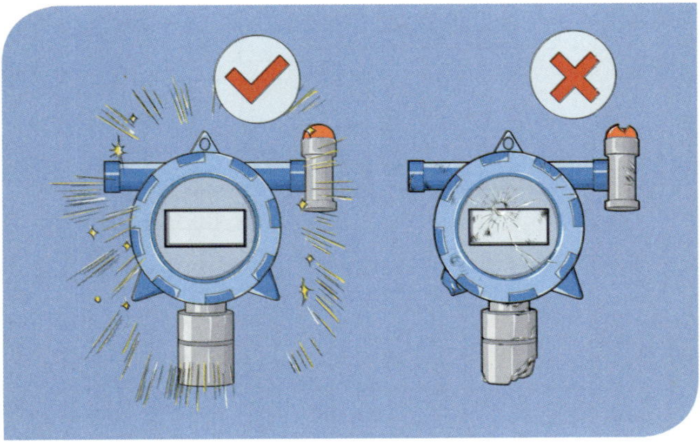

仪器连接可靠，各旋钮或按键应能正常操作和控制。

（2）标识和标志

仪器的必要信息，包括名称、型号、制造厂名称、出厂时间、编号、防爆标志及编号。

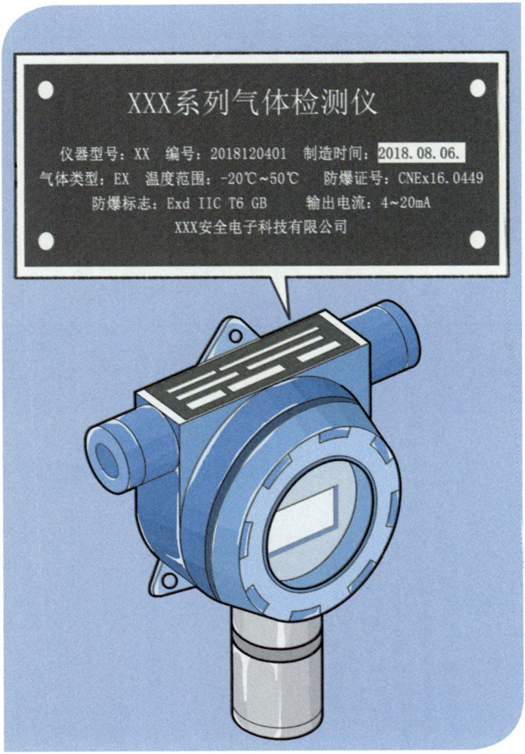

3.2　通电检查

通电后，仪器应能正常工作，显示部分应清晰完整。数显仪器，查看数字显示是否齐全。

外部过脏或油污造成探测器信息无法查看、按键或旋钮不能正常工作等均可判定为外观检查不合格。

3.3 报警功能及报警动作值的检查

通入大于报警设定点浓度的气体标准物质，使仪器出现报警动作，观察仪器声光报警是否正常，并记录仪器报警时的示值。常用 60% 的气体标准物质做检定。

重复测量3次，取3次的算术平均值作为仪器的报警动作值。

3.4　示值误差的检定

仪器通电预热稳定后，根据被检仪器的采样方式使用流量控制器，控制被检仪器所需要的流量。检定扩散式仪器时，流量的大小依据使用说明书要求的流量。检定吸入式仪器时，一定要保证旁通流量计有流量放出。按照上述通气方法，分别通入零点气体和浓度约为满量程60%的气体标准物质，调整仪器的零点和示值。然后分别通入浓度约为满量程 10%、40%、60% 的气体标准物质，记录仪器稳定示值。每点重复测量 3 次。按公式（1）计算每点的示值误差，取绝对值最大的 ΔC 作为示值误差。

$$\Delta C = \frac{\overline{C} - C_0}{R} \times 100\% \tag{1}$$

式中 $\overline{C}$——仪器示值的算术平均值；

C_0——通入仪器气体标准物质的浓度值；

R——仪器满量程。

（1）首先判断仪器零点是否为零，若不为零，需要进行调整。一般调整方式分为电位器调整、光电或磁棒调整、软件程序调整等三种。具体调整方式参照厂家说明书。

（2）零点调整完成以后，通入浓度约为满量程60%的气体标准物质进行量程调整，使其达到稳定示值。如果稳定示值与标准值之差不大于5.0%FS，可不进行调整；若大于5.0%FS，则需要对量程进行调整，具体量程调整方式参照厂家说明书。

（3）送气管路应尽量短，一般不长于1m，否则影响响应时间。

（4）仪器读数：请参考以下执行。

气体检测报警器现场、二次表和DCS均可读数时，建议读取二次表数值。

气体检测报警器现场和 DCS 均可读数时，建议读取现场数值。

气体检测报警器现场无显示功能、无二次表时，只能通过 DCS 读取示值。

如果现场读数与二次表或 DCS 差别较大（超过最大允许误差的 1/3），建议应联系相关人员查找原因。如果现场或控制室配有报警设施，需要现场与控制室联动测试系统的报警功能。

3.5 重复性的检定

仪器预热稳定后，通入约为满量程 40% 的气体标准物质，记录仪器稳定示值 C_i，撤去气体标准物质。在相同条件下重复上述操作 6 次。按式（2）计算的相对标准偏差为重复性。

$$s_r = \frac{1}{\overline{C}} \sqrt{\frac{\sum_{i=1}^{6} \left(C_i - \overline{C} \right)^2}{5}} \times 100\% \qquad (2)$$

式中 s_r——单次测量的相对标准偏差；

$\overline{C}$——6 次测量的平均值；

C_i——第 i 次的示值。

3.6 响应时间的检定

通入零点气体调整仪器零点后，再通入浓度约为满量程 40% 的气体标准物质，读取稳定值，停止通气，让仪器回零，再通入上述气体标准物质，同时启动秒表，待示值升至稳定值的 90% 时，停止秒表，记下秒表显示的时间。按上述操作方法重复测量 3 次，3 次测量结果的算术平均值作为仪器的响应时间。

40%
36
40%
36
00.00
00.00
18.00

A+B-C
÷3
3次

4 检定原始记录

检定原始记录格式可使用检定规程中的模板，也可根据实际情况另行设计，但所含信息应不少于模板要求的内容。原始记录要求在检定的同时填写。

4.1 基础信息填写

（1）仪器的名称、型号、出厂编号、量程、制造单位等： 通过外观检查将仪器上的相应信息填写到原始记录上。

（2）送检单位： 填写送检单位的名称。

（3）证书编号： 是依据该原始记录的检定结论出具的相应的检定证书或检定结果通知书的编号。

（4）检定地点： 填写该仪器的安装位置或位号。

（5）环境条件： 现场测定或参考本地区当日的气象信息。

（6）检定依据： JJG 693—2011《可燃气体检测报警器》。

（7）检定用标准和装置： 填写本单位通过计量标准考核后取得的计量标准考核证书号。

（8）气体标准物质的信息： 主要包括气体标准物质名称、标准值、不确定度、样品编号、有效期等，便于溯源。

基础信息样例

任务单号		送检单位		证书编号			
型号		制造厂		仪器名称			
出厂编号		检定地点		量程			
检定温度		湿度		压力		检定依据	
标准装置名称及考核证书号							
标准器名称	标准值	不确定度	样品编号	有效期至			

4.2 检定项目填写

（1）外观及结构、标志和标识、通电检查： 符合规程要求，填写合格；如果其中某一项不符合规程的要求，则填写不合格。

（2）绝缘电阻： 为首次检定的项目，若为首次检定，将检定结果直接填写在横线上；如果为后续检定，则该项不检，直接划杠。

（3）报警功能及报警动作值： 填写报警功能是否正常、实测报警值（低报值和高报值）和报警动作值。报警动作值是指三次报警实测值的平均值。

（4）示值误差及响应时间： 标气浓度填写10%FS、40%FS、60%FS气体标准物质的标准值；仪器示值填写实测值、平均值及示值误差；响应时间填写实测值及平均值。

（5）重复性： 标准值填写40%FS气体标准物质的标准值；示值填写6次连续测量的实测值；平均值和重复性由计算得出。

检定项目样例

一、外观及结构		二、标志标识		三、通电检查		四、绝缘电阻	

五、报警功能及报警动作值				
报警功能	实测报警值			报警动作值
声光报警				

六、示值误差及响应时间									
标气浓度（%LEL）	仪器示值（%LEL）					响应时间（s）			
	1	2	3	平均值	示值误差	1	2	3	$\tilde{t}$

七、重复性（%LEL）								
标准值	示值 1	示值 2	示值 3	示值 4	示值 5	示值 6	平均值	重复性

4.3 其他信息填写

（1）**检定结论**：填写合格或不合格。上述检定项目均合格，则填写合格；如果检定项目中有任一项不合格，则填写不合格，并注明不合格项目。

（2）**检定人员**：检定工作至少需要两名具备相应资质的计量检定员，一人为检定员、一人为核验员，分别在原始记录上的相应位置填写姓名。

（3）**检定日期**：填写检定当天的日期。

可燃气体检测报警器检定记录样例

任务单号	44639	送检单位	×××	证书编号	HB J2017—0826
型号	×××	制造厂	×××	仪器名称	可燃气体检测报警器
出厂编号	k113390076	检定地点	×××	量程	（0~100）%LEL
检定温度 20.0℃	湿度 45.0%RH	压力	101.325kPa	检定依据	JJG 693—2011《可燃气体检测报警器》
标准装置名称及考核证书号		可燃气体检测报警器检定装置 [98] 国量标石化证字第070号			

标准器名称	标准值	不确定度	样品编号	有效期至
空气中异丁烷标准物质	9.9	U_r=1%，k=2	0612174	2017.4.13
	38.2	U_r=1%，k=2	173391	2017.4.13
	60.6	U_r=1%，k=2	039935	2017.4.14

一、外观及结构合格　二、标志和标识合格　三、通电检查合格　四、绝缘电阻—

五、报警功能及报警动作值

报警功能	实测报警值			报警动作值
声光报警	10/20	10/20	10/20	10/20

六、示值误差及响应时间

标气浓度 /%（LEL）	仪器示值 /%（LEL）					响应时间 /s			
	1	2	3	平均值	示值误差	1	2	3	$\tilde{t}$
9.9	10.0	10.0	10.0	10.0	0.1	/	/	/	/
38.2	39.0	39.0	39.0	39.0	0.8	20.0	20.0	20.0	20.0
60.6	62.0	62.0	62.0	62.0	1.4	/	/	/	/

七、重复性

标准值（%LEL）	示值 1（%LEL）	示值 2（%LEL）	示值 3（%LEL）	示值 4（%LEL）	示值 5（%LEL）	示值 6（%LEL）	平均值（%LEL）	重复性
38.2	39.0	39.0	39.0	39.0	39.0	39.0	39.0	0.0%

结论：合格　　　　检定日期：××年××月××日

检定员：×××　　　　核验员：×××

5 数据处理

以一台可燃气体检测报警器检定数据为例说明，示值误差、重复性、响应时间、报警动作值如何计算？

标准值 /%LEL	仪器示值 /%LEL							响应时间 /s				设报警点为 25%LEL		
	1	2	3	4	5	6	平均	1	2	3	平均			
10.1	9	8	10				9.0							
39.0	41	40	42	40	41	42	41.0	20	23	20	21	25	25	25
63.0	62	61	62				61.7							

5.1 示值误差的计算

根据公式$\overline{C} = \dfrac{\sum_{i=1}^{3} C_i}{n}$计算出三个点的平均值。

$$\overline{C_1} = \frac{62+61+62}{3} = 61.7$$

$$\overline{C_2} = \frac{41+40+42+40+41+42}{6} = 41.0$$

$$\overline{C_3}=\frac{9+8+10}{3}=9.0$$

计算每一点的示值误差。

$$\Delta C=\frac{\overline{C}-C_0}{R}\times 100\%$$

$$\Delta C_1=\frac{61.7-63.0}{100}\times 100\%=-1.3\%\text{FS}$$

$$\Delta C_2=\frac{41.0-39.0}{100}\times 100\%=2.0\%\text{FS}$$

$$\Delta C_3=\frac{9.0-10.1}{100}\times 100\%=-1.1\%\text{FS}$$

取 3 点中最大的作为示值误差，该表的示值误差为 2.0%FS。

5.2 重复性的计算

$$s_{\mathrm{r}}=\frac{1}{\overline{C}}\sqrt{\frac{\sum_{i=1}^{6}\left(C_i-\overline{C}\right)^2}{5}}\times 100\%$$

$$s_{\mathrm{r}}=\frac{1}{41}\sqrt{\frac{(41-41)^2+(40-41)^2+(42-41)^2+(40-41)^2+(41-41)^2+(42-41)^2}{5}}\times 100\%$$

$$=2.2\%$$

5.3 响应时间的计算

$$t = \frac{20 + 23 + 20}{3} = 21\text{s}$$

5.4 报警动作值的计算

$$\frac{25 + 25 + 25}{3} \times 100\% = 25\%\text{LEL}$$

6 检定结果及检定周期

（1）检定结论分合格和不合格。所有检定项目均合格，检定结论为合格，应出具检定证书；其中有任何一项检定不合格，检定结论为不合格，应出具检定结果通知书，并标明不合格项目。

（2）报警器的检定周期为1年，在周期内如果仪器更换了主要部件应及时进行检定，主要部件包括传感器、主板、泵等会对仪器的性能产生影响的部件。

7 常见故障案例分析

【案例 1】零点漂移

（1）故障现象

可燃气体检测探测器长时间使用后出现零点漂移过大现象。

（2）原因分析

排查探测器零点电压是否偏高，若零点电压正常，分析故障原因为探测器内部传感器老化。

（3）排除过程

调整探测器零点电压，并对探测器重新清零，消除传感器老化造成的影响。

【案例 2】零点无法调整

（1）故障现象

探测器出现零点无法调整现象。

（2）原因分析

传感器接线端子接线不正常；检查传感器零点电压是否符合说明书要求。

（3）排除过程

传感器接线端子接线不正常时，检查并排除接线松动或线缆故障；如果传感器零点电压不符合说明书要求，更换传感器或电路板。

【案例3】用环境气体校准零点后，探测器响应时间变慢或显示值偏低

（1）故障现象

用环境气体校准零点后，探测器响应时间变慢或显示值偏低。

（2）原因分析

工作环境中有少量气体泄漏，多次使用环境气体校准，导致零点不断增加，造成探测器响应时间变慢或显示值偏低。

（3）排除过程

通入零点气体进行校准，校准后示值正常。

【案例 4】示值误差较大

（1）故障现象

探测器显示正常，但通入标准气体后示值误差较大。

（2）原因分析

传感器使用时间越久、使用环境中被测气体出现越频繁，越容易导致传感器老化或变送器放大电路故障。

（3）排除过程

通入标准气体，如果通过校准调节，显示值仍无法达到气体浓度时，则传感器失效，需要更换新传感器，并再次校准；如果故障依旧，则不是传感器失效，应判断为变送器放大电路故障。

【案例 5】反应慢或无反应

（1）故障现象

探测器通气时无反应或反应慢。

（2）原因分析

排查传感器组件透气孔是否堵塞，若未发生堵塞，分析故障原因为探测器内部传感器老化或失效。

（3）排除过程

清理堵塞传感器组件透气孔后进行通气，若故障现象未消除，联系厂家更换探测器内部传感器。

【案例 6】误报警

(1) 故障现象

可燃气体检测探测器出现误报警现象。

(2) 原因分析

现场有较大的电磁干扰源（如安装在两个大功率电机之间）或者安装在振动源上造成显示跳变；传感器信号输出不稳定。

(3) 排除过程

排查现场是否有较大的电磁干扰源或震动，如有，采取消除措施；检查现场传感器部分是否工作正常，如需要，使用标气进行标定。